……修复施工指导丛书

热塑成型修复法
施工操作手册

陆学兴　主编

北　京

冶 金 工 业 出 版 社

2023

内 容 提 要

本书介绍了热塑成型法修复给水排水管道的工艺原理、操作流程、设备操作要求、人员管理要求、设备维修养护要求等内容,配以大量实物图片及设备组成讲解,并在设备操作说明中加入了操作过程记录要求、重要控制参数及设备维护保养等内容,强调了工艺设备操作流程化、标准化和规范化的"三化"要求。

本书可供广大管道非开挖修复及相关建设施工行业的从业人员阅读。

图书在版编目(CIP)数据

热塑成型修复法施工操作手册/陆学兴主编 .—北京:冶金工业出版社,2023.12

(给水排水管道非开挖修复施工指导丛书)

ISBN 978-7-5024-9678-4

Ⅰ.①热… Ⅱ.①陆… Ⅲ.①给排水系统—管道维修—热塑性—成型—修复—手册 Ⅳ.①TU991.36-62

中国国家版本馆 CIP 数据核字(2023)第 225950 号

热塑成型修复法施工操作手册

出版发行	冶金工业出版社		电　话	(010)64027926
地　址	北京市东城区嵩祝院北巷 39 号		邮　编	100009
网　址	www.mip1953.com		电子信箱	service@ mip1953.com

责任编辑　曾　媛　美术编辑　彭子赫　版式设计　郑小利
责任校对　李欣雨　责任印制　窦　唯
北京博海升彩色印刷有限公司印刷
2023 年 12 月第 1 版,2023 年 12 月第 1 次印刷
880mm×1230mm　1/32;3.625 印张;79 千字;102 页
定价 55.00 元

投稿电话　(010)64027932　投稿信箱　tougao@cnmip.com.cn
营销中心电话　(010)64044283
冶金工业出版社天猫旗舰店　yjgycbs.tmall.com
(本书如有印装质量问题,本社营销中心负责退换)

主　　编：陆学兴

副 主 编：陈　芳　李文春

编　　委：高峥嵘　刘佳怡　宋晓东　费永生
　　　　　顾鸿文　曹海龙　杨宏博　矫　永

参编单位：北京北排建设有限公司
　　　　　太原畅达华美新材料科技有限公司

前　　言

　　城镇地下给水排水管网系统是城市的重要基础设施，地下管网能否正常运行，不仅事关人民群众的生命财产安全，也影响着城市的发展。

　　城镇地下管网漏损问题是世界性难题，而对由管网漏损导致的城市内涝、黑臭水体等"城市病"的治理更是城市管理者的重点工作。在习近平总书记提出的"节水优先、空间均衡、系统治理、两手发力"治水方略的指引下，坚持统筹发展，将城市作为有机生命体，根据建设海绵城市、韧性城市要求，因地制宜、因城施策，用统筹方式、系统方法解决城市内涝问题，提升城市防洪排涝能力，能够为维护人民群众生命财产安全、促进经济社会持续健康发展提供有力支撑。

　　改造易造成积水内涝问题的混错接雨污水管网、修复破损和功能失效的排水防涝设施，是系统建设城市排水防涝工程体系的重要举措。为了修复破损管网、保证地下管网设施的正常运行，国内管道修复行业在充分吸收国外技术的基础上，开发了多种非开挖管道修复技术。

　　非开挖技术具有开挖量小、环境影响小、施工速度快和费用低等优点，在城镇地下管网修复领域推广中具有得天独厚的条件。随着在地下管网修复领域的广泛应用，该技术也得到了不断创新和优化。

　　为了提升一线操作人员的技术水平，提升非开挖管道修复工程的施工质量，保障施工中的安全，北京北排建设有限公司选取了目前行业内较为常用的几种非开挖管道修复技术，编撰成本套"给水排水管道非开挖修复施工指导丛书"，以供行业内技术人员和设备操作人员培训与自学使用。

　　"给水排水管道非开挖修复施工指导丛书"现规划出版5册，分别为：《紫外光固化修复法施工操作手册》《机械制螺旋缠绕修复法施工操作手册》《热塑成型修复法施工操作手册》《喷涂修复法施工操作手册》《短管胀插修复法施工操作手册》等。

　　本册为《热塑成型修复法施工操作手册》，介绍了热塑成型法修复管道时用到的设备和材料，详细阐述了工艺操作步骤及操作要求，总结了设备保养与维修方法，列出了常见问题并给出了对应的处理措施。

　　鉴于时间仓促和编者水平所限，疏漏之处在所难免，望读者不吝赐教，及时将您的宝贵建议反馈给本书

编委（联系人：陈芳，邮箱：bpjsjzb@ 163. com），以便
再版时更正或补充，作者对此将不胜感激。

作　者
2023 年 5 月

目　　录

1 绪　　论

1.1　热塑成型修复法工艺原理

　　热塑成型修复法是指在工厂将内衬管压制成"C"型、"H"型或其他形状后，盘绕在卷轴上，运至施工现场。在现场或运输途中利用专用设备对内衬管加热使之软化，采用牵拉方式置入原管道内，通过加压、加热使内衬管与原管道紧密贴合，冷却后形成硬化内衬管，完成管道修复的方法，其工艺原理如图 1-1 所示。

图 1-1　热塑成型法管道修复原理

1—FIPP 作业车；2—牵引车；3—中通气囊；4—上游检查井；

5—内衬管；6—下游检查井；7—充气管；8—气堵专用管

为简单起见，本书中将热塑成型修复法简称为热塑成型法（formed-in-place pipe，FIPP）。

1.2   工艺特点

垫塑成型法管道修复技术的工艺特点有：

（1）环保性好：采用非开挖施工，对周围环境影响小，无扰民；

（2）工期短：热塑成型法可连续多井段串联施工，工程施工周期短；

（3）断面损失小：成型后的内衬管紧贴原管道内壁，新旧管道间无间隙，管道断面收缩较小；

（4）适用性强：内衬管可塑性强，可用于弯曲段、异型截面管道的修复；

（5）强度高：内衬管的强度高，可用于管道结构性修复；

（6）流量增大：热塑成型的内衬管内壁光滑，可以改善水流状态，提高原管道的输送能力。

1.3   适用范围

当前技术条件下，热塑成型法的适用范围如表 1-1 所示。

表 1-1   热塑成型法适用范围

管道类型	无压管道、压力管道
管道截面形状	不限，如圆形、方形、拱形、倒圆角矩形等
弯曲管道	<75°

管径	DN150~1200mm
管道缺陷类型	错口（<5cm）、变径、裂缝
施工作业条件	−20~40℃
单次作业长度	3~260m

1.4 相关规范

采用热塑成型法施工时涉及的相关技术规范主要有：

（1）GB/T 37862—2019《非开挖修复用塑料管道 总则》；

（2）GB/T 41666.3—2022《地下无压排水管网非开挖修复用塑料管道系统 第3部分：紧密贴合内衬法》；

（3）GB 50268—2008《给水排水管道工程施工及验收规范》；

（4）CJJ 68—2016《城镇排水管渠与泵站运行、维护及安全技术规程》；

（5）CJJ 181—2012《给水排水管道检测与评估技术规程》；

（6）CJJ/T 210—2014《城镇排水管道非开挖修复更新工程技术规程》；

（7）DB 11/T 1594—2018《城镇排水管道检查技术规程》；

（8）T/CECS 717—2020《城镇排水管道非开挖修复工程施工及验收规程》。

2 设备与机具

热塑成型法施工时用到的设备与机具主要有：空气压缩机、发电机、蒸箱、蒸汽发生器、供排水系统、气体混合罐、冷干机、排气控制装置、微型电葫芦、移动式卷扬机、辅助机具等。

为了快速、安全地完成现场施工，北京北排建设有限公司将热塑成型修复法所用设备高度集成到了专用车辆上。根据施工场地的需要，集成后的车辆分为整体式和分体式两类，每类中都有专用的作业车和牵引车。

2.1 整体式设备

整体式设备中含有整体式作业车和整体式牵引车各一辆，需要两车配合工作，完成热塑成型法施工，适合用于在宽敞的市政道路上进行较长距离的管道修复。

整体式作业车如图 2-1 所示，车内装有蒸箱和盘绕的软管，软管在蒸箱内保持在预设的温度。

整体式牵引车如图 2-2 所示，牵引车上装有牵拉设备，可将内衬管拖入原管道内。

2.1.1 整体式作业车

整体式作业车的外观如图 2-3 所示。

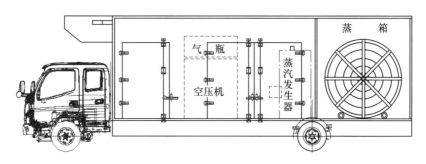

图 2-1 整体式作业车

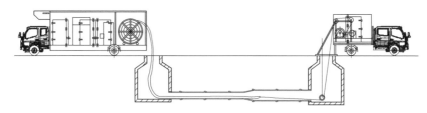

图 2-2 用整体式牵引车将内衬管拖入原管道内

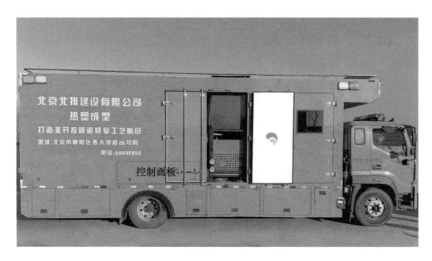

图 2-3 作业车

整体式作业车的作用是对内衬管的温度进行精确控制，根据工艺需要把内衬软管加热到所需的温度。

整体式作业车的设备布置如图 2-4 所示，主要包括：蒸箱、蒸汽发生器、供排水系统、空气压缩机、冷干机、气体混合罐、排气控制装置、发电机等。

图 2-4　作业车内的设备布置

2.1.1.1　蒸箱

整体式作业车上的蒸箱如图 2-5 所示。

图 2-5　蒸箱

1—滚轮；2—内衬管；3—自动下料系统

蒸箱的作用是：施工前，在蒸箱内对内衬管进行预加热，在运输途中、施工现场准备过程中对内衬管进行保温，使内衬管达到预加热的施工要求。

蒸箱由箱体、滚轮、蒸汽出气口、自动下料系统构成。

2.1.1.2 蒸汽发生器

整体式作业车上的蒸汽发生器如图 2-6 所示。

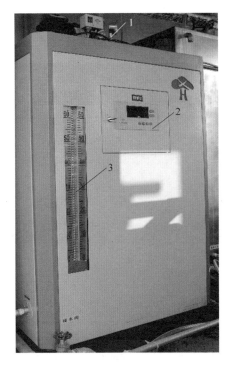

图 2-6 蒸汽发生器

1—压力表；2—控制面板；3—磁翻板液位计

蒸汽发生器的作用是为蒸箱及热塑成型施工过程提供蒸汽。

蒸汽发生器的额定工作压力为 0.7MPa，蒸汽发生量不小于 0.1t/h。

根据设备及施工过程所需蒸汽量，整体式作业车上可配置 1 台或多台蒸汽发生器，根据现场管道实际情况调节吹胀阀可控制蒸汽量。

2.1.1.3 供排水系统

整体式作业车上的供排水系统是为了给蒸汽发生器提供水源，并收集排出蒸汽发生器的剩余水。

供排水系统是由储水箱、蒸汽发生器水箱、蒸汽发生器、给水泵、作业车空气压缩机等组成，如图 2-7~图 2-9 所示。

图 2-7 储水箱

1—进水口；2—进气阀门；3—溢流阀

2.1.1.4 气体混合罐

整体式作业车上的气体混合罐如图 2-10 所示。

气体混合罐的作用是收集整体式作业车空气压缩机产生的压缩气体、蒸汽发生器产生的高温蒸汽、冷干机产生的冷凝气体等。

通过控制面板上的设备阀门（蒸汽控制阀、配气阀、冷气阀）可调节气体混合罐内的气体温度，以满足热塑成型施工中不同阶段对温度的需要。

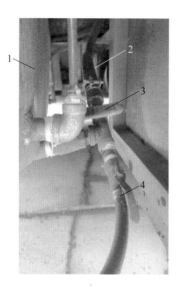

图 2-8 储水箱接口

1—储水箱；2—供水管；3—供水管阀门；4—排水阀

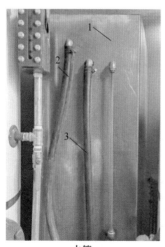

水箱   给水泵

图 2-9 蒸汽发生器的水箱和给水泵

1—水箱箱体；2—进水管；3—出水管

图 2-10　气体混合罐

注意：蒸汽发生器产生的高温蒸汽进入气体混合罐时，会造成罐体表面温度过高，不要触碰，以免烫伤！

2.1.1.5　空气压缩机

整体式作业车上的空气压缩机的外观如图 2-11 所示。

图 2-11　空气压缩机

空气压缩机的作用是：施工前为供排水系统中的储水箱提供压力，使储水箱为蒸汽发生器水箱供水；施工时为气体混合罐提供压缩空气，气体混合罐通过充气管将压缩空气输送至内衬管内部，使内衬管鼓胀，与原管道内壁紧密贴合在一起；还可给中通气囊充气。

整体式作业车上配备的空气压缩机通常是螺杆式空气压缩机，由动力系统、传动系统、空气压缩系统组成。

2.1.1.6 冷干机

整体式作业车上配备的冷干机的外观如图 2-12 所示。

图 2-12　空气冷干机

冷干机的作用是对作业车上空气压缩机压缩后的空气进行冷却降温。冷却后的气体通过气体混合罐及充气管输送到内衬管内部，使内衬管冷却成型。

冷干机由制冷压缩机、冷凝器、蒸发器、膨胀阀等四个基本部件组成。

冷干机处理的风量约为 $8.5m^3/min$。

2.1.1.7 控制面板

整体式作业车的控制面板如图 2-13 所示。

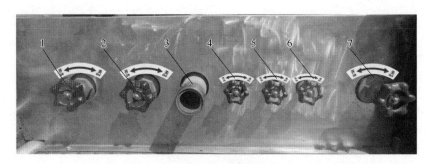

图 2-13　控制面板

1—蒸箱阀；2—吹胀阀；3—出气口；4—蒸汽控制阀 1；

5—蒸汽控制阀 2；6—配气阀；7—冷气阀

　　控制面板上装有阀门旋钮，这些旋钮可控制的阀门有：蒸箱阀、吹胀阀、出气口、蒸汽控制阀 1、蒸汽控制阀 2、配气阀、冷气阀，通过这些旋钮可控制气体的温度和压力。

2.1.1.8　排气控制装置

　　整体式作业车上的排气控制装置如图 2-14 所示。

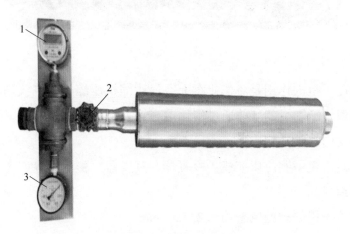

图 2-14　排气控制装置

1—温度表；2—排气阀；3—压力表

排气控制装置由温度表、压力表、排气阀组成。

在热塑成型过程中，通过观察排气装置上的压力表和温度表，调节排气阀和控制面板上的吹胀阀，可控制内衬管的吹胀温度及压力。

2.1.1.9 发电机

整体式作业车上的发电机如图 2-15 所示。

图 2-15 发电机

发电机的作用是为作业车上的用电设备提供动力。发电机的功率通常不小于 20kV·A。

2.1.2 整体式牵引车

整体式牵引车的外观如图 2-16 所示。

图 2-16　牵引车外观

　　整体式牵引车用于将内衬软管从下游检查井牵引至上游检查井。

　　整体式牵引车内部的布置如图 2-17 所示，主要设备有：发电机、配电箱、电机控制柜、空气压缩机、钢丝绳卷筒、卷扬机、导向装置等。

2.1.2.1　空气压缩机

整体式牵引车上的空气压缩机如图 2-18 所示。

空气压缩机的作用是给上游检查井中的封堵气囊充气。

牵引车中的空气压缩机由动力系统、传动系统、空气压缩系统组成。

2.1.2.2　发电机

整体式牵引车上的发电机如图 2-19 所示。

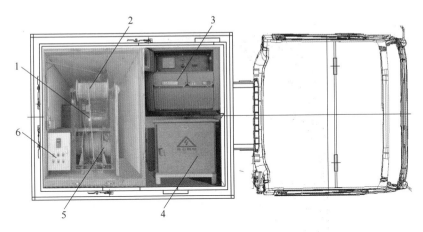

图 2-17 牵引车内部设备布置

1—空气压缩机；2—钢丝绳卷筒；3—发电机；4—配电箱；5—卷扬机；6—电机控制柜

图 2-18 空气压缩机

发电机的作用是给牵引车上的空气压缩机、卷扬机等用电设备提供电力，功率不宜小于 15kV·A。

图 2-19　发电机

2.1.2.3　配电箱

整体式牵引车上的配电箱如图 2-20 所示。

配电箱的作用是为供电线路中各种元器件合理分配电能。

2.1.2.4　电机控制柜

整体式牵引车上的电机控制柜如图 2-21 所示。

电机控制柜的作用是实现对卷扬机的开启与停止操作。

2.2　分体式设备

分体式设备包括分体式作业车和分体式牵引车，两者可共同配合也可各自独立完成热塑成型管道修复工作。

图 2-20 配电箱

运输车将热塑内衬管管盘运输至现场，由叉车将管盘送至上游检查井井口位置（图 2-22），利用分体式作业车上的蒸汽发生器通过内加热的方式在现场进行预加热，通过分体式作业车上的微型电动葫芦将卷扬机置于下游检查井井口，待预加热完成，启动卷扬机，采用牵拉的方式将内衬管置入原管道内部（图 2-23），然后使用分体式作业车上的蒸汽发生器、冷干机等设备，通过加热、加压等方法将内衬管横截面积复原（图 2-24），形成与原管道紧密贴合的内衬管，采用保压降温设备，使内衬管迅速冷却成型，完成热塑成型作业。

图 2-21   电机控制柜

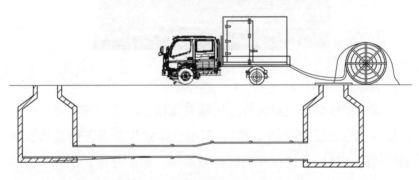

图 2-22   盘管置于检查井井口

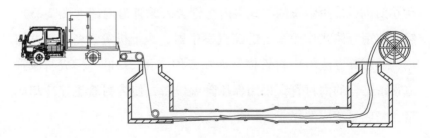

图 2-23   利用卷扬机将内衬管置入原管道内

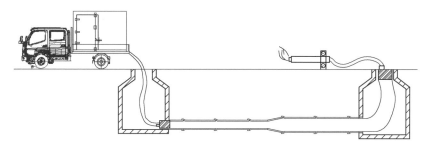

图 2-24 内衬管截面复原

2.2.1 分体式作业车

分体式作业车的外观如图 2-25 所示。

图 2-25 分体式作业车

分体式作业车上装载有热塑成型修复法所用的主要设备，可实现对内衬管预加热软化、热塑成型等施工过程的控制。

分体式作业车上集成的主要设备有：蒸箱、蒸汽发生器、供排水系统、空气压缩机、冷干机、气体混合罐、排气控制装置、发电机等，主要设备与整体式作业车基本相同，只是做了小型化处理，适于在狭窄作业面的情况下进行热塑成型作业。

为便于施工人员操作控制气体的温度和压力，一些阀门的操纵按钮集成到控制面板上，可控制的阀门有：蒸箱阀、吹胀阀、出气口、蒸汽控制阀1、蒸汽控制阀2、冷气阀、内加热阀、控制面板温度计、蒸箱内温度计。控制面板的外观如图2-26所示，控制面板的功能如表2-1所示。

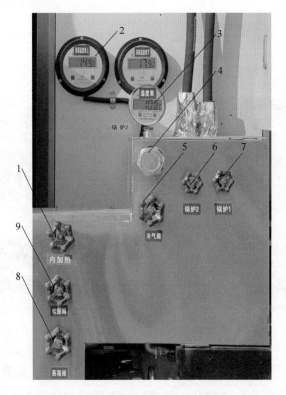

图 2-26　分体式作业车控制面板

1—内加热阀；2—蒸箱内温度计；3—出气口温度计；4—出气口；

5—冷气阀；6—蒸汽控制阀2；7—蒸汽控制阀1；8—蒸箱阀；9—吹胀阀

表 2-1 分体式作业车控制面板功能

序号	名称	作用
1	内加热阀	控制气体混合罐向内衬软管内输送蒸汽的量
2	蒸箱内温度计	显示蒸箱内温度
3	出气口温度计	显示出气口处蒸汽的温度
4	出气口	一端接气体混合罐,另一端接充气管
5	冷气阀	控制冷干机输送冷气的量
6	蒸汽控制阀 2	控制蒸汽发生器向气体混合罐输送蒸汽的量
7	蒸汽控制阀 1	控制蒸汽发生器向气体混合罐输送蒸汽的量
8	蒸箱阀	控制气体混合罐向蒸箱输送蒸汽的量
9	吹胀阀	控制气体混合罐向热塑成型内衬管输送气体的量

2.2.2 分体式牵引车

分体式牵引车如图 2-27 所示。因为车内配置小型化且可移动,分体式牵引车适于狭窄道路修复时使用。

图 2-27 分体式牵引车

分体式牵引车用于装载及运输热塑成型修复法所用的牵引设备及热塑成型设备。分体式牵引车设备布置如图2-28所示。

图2-28 分体式牵引车设备布置

1—发电机；2—微型电葫芦；3—空气压缩机；4—气体混合罐；5—移动卷扬机

分体式牵引车上配置有发电机、微型电葫芦、空气压缩机、气体混合罐、移动式卷扬机、冷干机、蒸汽发生器、水箱、配电箱、分体式牵引车控制面板等设备。

2.2.2.1 控制面板

分体式牵引车的控制面板如图2-29所示。

分体式牵引车的控制面板上集成了控制气体温度和压力的按钮，这些按钮可控制相应的阀门，包括：冷气阀、配气阀、蒸汽控制阀1、蒸汽控制阀2、分体式牵引车控制面板温度计、吹胀阀、出气口等。控制面板的详细功能如表2-2所示。

图 2-29 分体式牵引车的控制面板

1—冷气阀；2—配气阀；3—蒸汽控制阀 1；4—蒸汽控制阀 2；

5—出气口温度计；6—吹胀阀；7—出气口

表 2-2 分体式牵引车上的控制面板的功能

序号	名称	作 用
1	冷气阀	控制冷干机输送冷气的量
2	配气阀	控制空气压缩机输送压缩气体的量
3	蒸汽控制阀 1	控制蒸汽发生器 1 向气体混合罐输送蒸汽的量
4	蒸汽控制阀 2	控制蒸汽发生器 2 向气体混合罐输送蒸汽的量
5	出气口温度计	显示出气口处蒸汽的温度
6	吹胀阀	控制气体混合罐向热塑成型内衬管输送气体的量
7	出气口	一端接气体混合罐，另一端接充气管

2.2.2.2 微型电葫芦

微型电葫芦的外观如图 2-30 所示。

微型电葫芦是分体式牵引车辅助吊装设备，主要作用是将移动卷扬机吊装至现况地面或从地面吊起收回车内。

图 2-30　微型电葫芦

微型电葫芦由电机、传动机构、卷筒和链轮组成。

2.2.2.3　移动卷扬机

移动卷扬机的外观如图 2-31 所示。

图 2-31　移动卷扬机

　　移动卷扬机是小型起重设备，通过卷筒缠绕钢丝绳实现对物体的提升或牵引。

　　移动卷扬机通常以电动机为动力，由电气部分和机械部分组成。电气部分包括控制器电缆控制盘箱和电动机等。机械部分包括抱闸系统、传动轴、联轴器、减速机、卷筒钢丝绳和吊钩等。

2.3　辅助机具

　　辅助器具包括中通气囊、穿线器和操作设备必须使用的工具。

2.3.1　中通气囊

　　中通气囊如图 2-32 所示，安装于内衬管两端，用于封闭内衬管及向内衬管输送混合气体。

图 2-32　中通气囊

1—连接管；2—气堵专用管接口；3—中通气囊

　　中通气囊上设置有连接管、气堵专用管接口及阀门。气堵专用管用于吹胀中通气囊，确保内衬管在充压、稳压过程中内衬管的密闭。中通气囊的连接管通过充气管与气体混合罐连接，将气体混合罐的气体输送至内衬管中。

2.3.2　穿线器

　　穿线器如图 2-33 所示。

图 2-33　穿线器

　　穿线器用于将牵引车上的钢丝绳从下游检查井处牵拉至上游检查井，穿线器安置在专用卷轴上。

2.3.3　辅助工具

　　操作设备必须使用的工具如表 2-3 所示。

表 2-3 工具列表

序号	名称	用途
1	工具箱	收纳现场用的工具
2	往复锯	切割内衬管
3	润滑油	润滑机器运动部件
4	角磨机	打磨内衬管的边缘棱角
5	砂轮片	切割工具
6	云石机	切割内衬管
7	圆锯片	切割工具
8	开孔器	内衬管打孔
9	U 形环	连接工具
10	大力钳	作业工具

3 材 料

3.1 原材料

热塑成型修复用内衬管所用的材料为未增塑聚氯乙烯（PVC-U）混配料，根据原材料配比情况分为通用 PVC-U 与改性 PVC-U。

3.2 内衬管

内衬管在工厂被加工成"H"型或"C"型，在现场经预加热置入原管道后，通过加压、加热重新成型，形成与原管道紧密贴合的硬化管。

3.2.1 "H"型

折叠成"H"型的内衬管的断面如图 3-1 所示。

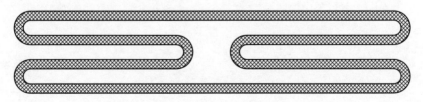

图 3-1 "H"型断面的内衬管

"H"型断面能够最大限度地减小内衬管折叠后的截面积，便于内衬管通过检查井置入原管道内，可最大程度节约运输和存储成本。在预加热及施工过程中内衬管能够均匀受热，在热塑吹胀过程中内衬管能够均匀舒展，与原管道贴合紧密。

3.2.2 "C"型

折叠成"C"型的内衬管的断面如图 3-2 所示。

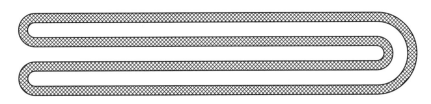

图 3-2 "C"型断面的内衬管

"C"型断面能够减小内衬管折叠后的截面积，便于内衬管通过检查井置入原管道。材料生产过程中塑型较为容易。但该类型管材在预加热及施工过程中对管材加热受热不均匀。

3.3 贮存与运输

内衬管贮存与运输时应注意以下事项：

（1）内衬管在工厂生产后，应缠绕在木制或钢制的轮盘之上，运输时应整盘放在运输车上，轮盘应固定牢固。

（2）内衬管宜在常温下存储。应在室内存储或用篷布遮盖，禁止暴晒。

（3）应采取保护措施，确保在卸货和存储时不会过度损坏内衬管。

（4）内衬管应存放在平整的地面上，地面不得有大的尖锐石块、碎屑或垃圾，避免局部损害。

（5）在装卸内衬管时应使用吊带或吊索，不得使用钢丝绳或链条。

（6）在管材使用之前，应检查内衬管外观是否有损坏，并应检查出厂标识。

（7）在储存和运输过程中，管端应密封，以防止管道受到湿气或污垢的污染。

（8）内衬管应合理码放，避免挤压变形，并应远离热源。

3.4　余料处理

施工完成后切割下的余料应放置在余料区集中统一处理，不得污染环境。

4 操 作

4.1 预处理要求

将内衬软管拖入原管道内之前,应使用 CCTV 电视检测等方法检查原管道内部预处理效果,达到以下要求后才能继续施工:

(1) 原管道内表面应洁净、没有影响内衬管拖入的附着物、尖锐毛刺和凸起等问题;

(2) 经预处理后的原管道内应无沉积物、垃圾及其他障碍物,不应有渗水现象及影响施工的积水。

4.2 工艺流程

热塑成型修复法的工艺流程如图 4-1 所示,主要由准备工作、内衬管拖入、热塑成型、管口处理及检测验收等步骤组成。

图 4-1 热塑成型修复法工艺流程图

4.3 准备工作

热塑成型法施工前的准备工作包括:材料准备、内衬管管头处理、内衬管预加热等。

4.3.1　材料准备

在工程施工前，应在现场对原管道进行测量，明确原管道的内径、长度是否存在变径、折角等情况，并与设计文件进行核对，确保无误后，按修复结构要求，估算出修复所需的内衬材料长度，计算材料用量时需考虑材料损耗量。

施工开始前从库房取料时，技术人员应核对内衬管管径、厚度，并检查材料的合格证、出厂日期，观察材料外观是否有破损、变形等现象；如果材料过期，或没有合格证，或管径、厚度不符，或存有破损、变形等缺陷，则不得使用。

当材料通过检查后，由操作手根据现场所需长度将材料切割后，进行内衬管管头预处理。

如果在取料或施工过程中发现材料有问题，应立即停止施工，并将材料带回，然后联系材料厂商更换。

4.3.2　内衬管管头预处理

施工前，在离内衬管末端不小于 10cm 处标记位置，并使用开孔器在管头标记处进行对穿，钻出直径为 ϕ30mm 的孔，共计 8 个孔。如图 4-2 及图 4-3 所示。

用直径为 ϕ6~8mm 的"304"钢质铁链分别平行穿过孔洞并用小 U 形环（M6）将两个端头连接，使用大 U 形环（M16）在中间位置将铁链再次连接，如图 4-4 所示。

然后将内衬管管盘用叉车放入蒸箱内下料助力系统，使管盘安装在托轮中间的位置，适当转动管盘，使带牵引环的内衬管管

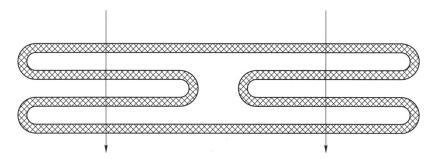

图 4-2 钻孔位置

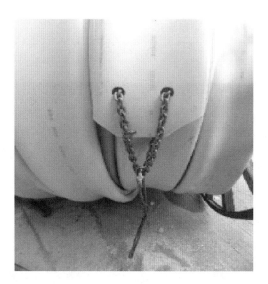

图 4-3 对穿开孔

头转动到蒸箱门处，并且使管头朝下。如方向不对，则需重新装载管盘。管盘放好后，关闭蒸箱门，如图 4-5 所示。

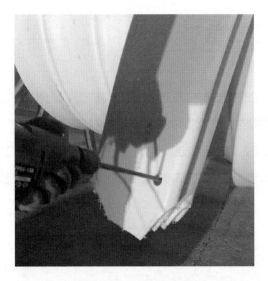

图 4-4　牵引环的连接

图 4-5　关闭后的蒸箱

4.3.3　内衬管预加热

4.3.3.1　供水系统操作

（1）储水箱蓄水及排水。

储水箱蓄水：打开储水箱进水口，关闭储水箱进气阀，打开储水箱溢流阀，开始给储水箱加自来水，若储水箱溢流阀出水，则证明储水箱已加满，此时关闭进水口及溢流阀，打开储水箱进气阀门。

储水箱排水：打开排水阀即可。

（2）蒸汽发生器水箱蓄水。

打开储水箱供水阀，打开空气压缩机，自动给蒸汽发生器水箱供水，蒸汽发生器水箱液位达到指定高度后，蒸汽发生器水箱内进水装置自动封闭。储水箱停止供水，此时可关闭空气压缩机。

（3）蒸汽发生器供水及排水。

检查蒸汽发生器水箱内的水量，确认水量充足后启动蒸汽发生器。接通电源后按开关，控制器屏幕亮起显示水位位置。再按启/停键，蒸汽发生器开始工作。如果蒸汽发生器水位显示为低水位（水位低时有报警提示音），则给水泵会自动启动，开始补水。

提示：如给水泵不能自动启动，则需长按泵阀1（+）手动启动水泵进行加水。若蒸汽发生器控制面板水位显示为高水位，且给水泵不能自动停止，则应手动按泵阀2（-）停止供水。

当自动停止加水时，按启/停键使蒸汽发生器开始工作。

关闭状态时蒸汽发生器控制面板的显示如图 4-6 所示。

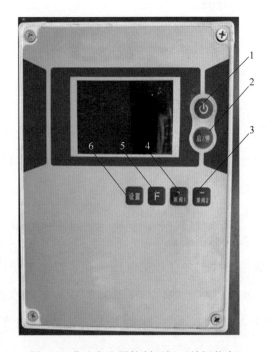

图 4-6 蒸汽发生器控制面板（关闭状态）

1—开关；2—启/停键；3—泵阀 2（-）；4—泵阀 1（+）；

5—定时按键（长按启动）；6—设置键

启动状态时蒸汽发生器控制面板的显示如图 4-7 所示。

运行状态时蒸汽发生器控制面板的显示如图 4-8 所示。

排水：打开蒸汽发生器排污口即可。

4.3.3.2 蒸箱加热操作

当蒸汽发生器上方压力表的压力达到 0.4MPa 后，可对蒸箱内衬管进行预加热。如图 4-9 所示。

在所有阀门全部关闭情况下，打开蒸箱阀门，同时打开蒸汽控制阀 1 或蒸汽控制阀 2。待蒸箱内温度升至预期温度（实际根

图 4-7 蒸汽发生器控制面板（启动状态）

1—未运行指示；2—启动显示；3—水位显示

据管材长度、厚度、管径及当日温度决定预加热温度）时调节蒸汽控制阀一或蒸汽控制阀二及配气阀使蒸箱内温度保持稳定。

预加热时间约为 1~3h，实际根据管材长度、厚度、管径决定预加热时间。

集成式作业车的控制面板如图 4-10 所示，控制面板上集成了蒸箱阀、吹胀阀、出气口、蒸汽控制阀 1、蒸汽控制阀 2、配气阀、冷气阀。通过面板上的阀门，可控制气体的温度和压力。集成式作业车控制面板的功能如表 4-1 所示。

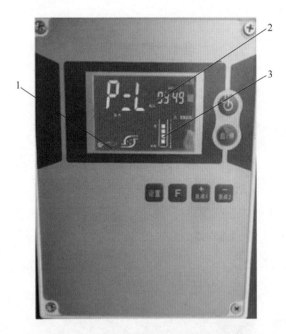

图 4-8　蒸汽发生器控制面板（运行状态）

1—运行指示；2—启动显示；3—水位显示

图 4-9　蒸汽发生器压力表

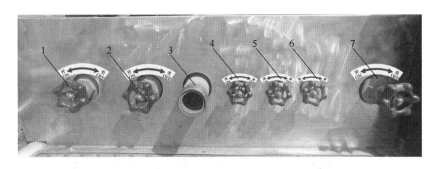

图 4-10　作业车控制面板

1—蒸箱阀；2—吹胀阀；3—出气口；4—蒸汽控制阀 1；

5—蒸汽控制阀 2；6—配气阀；7—冷气阀

表 4-1　集成式作业车控制面板的功能

编号	名称	作用
1	蒸箱阀	控制气体混合罐向蒸箱输送蒸汽
2	吹胀阀	控制气体混合罐向热塑成型内衬管输送气体
3	出气口	一端接气体混合罐，另一端接充气管
4	蒸汽控制阀 1	控制蒸汽发生器向气体混合罐输送蒸汽
5	蒸汽控制阀 2	控制蒸汽发生器向气体混合罐输送蒸汽
6	配气阀	控制作业车空气压缩机输送压缩气体
7	冷气阀	控制冷干机输送冷气

　内衬管蒸箱内部预加热有两种加热方式：外加热和内加热。

　外加热时将内衬管放在蒸箱内部，蒸汽进入蒸箱内部，蒸汽与内衬管外壁接触对内衬管进行加热。内加热时蒸汽直接进入内衬管内部，蒸汽与内衬管内壁接触对内衬管进行加热。

　（1）外加热。

外加热时的状态如图 4-11 所示。

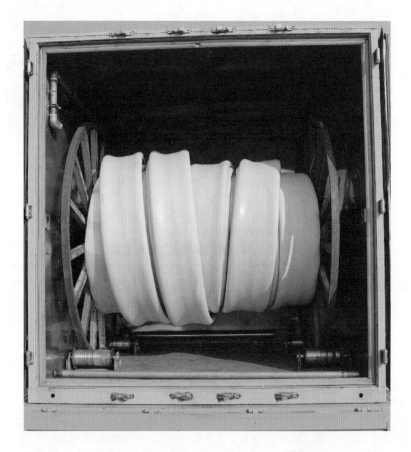

图 4-11　外加热时内衬管放在蒸箱内部加热

气体混合罐温度控制在 92~95℃，内衬管预加热 2h 后用测温枪测量内衬管表面和内层温度是否到 75℃以上。如达到 75℃以上即可进行施工。若未达到 75℃，继续加热，半小时后再进行测量，直至内衬管表面达到 75℃以上。

（2）内加热。

内加热时的状态如图 4-12 所示。

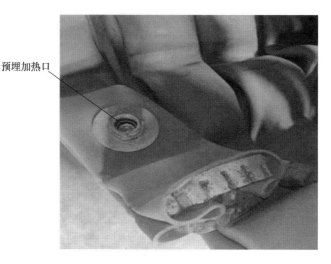

预埋加热口

图 4-12 内加热时的内加热蒸汽入口

将蒸汽连接管直接连接在内衬管预埋加热口上,气体混合罐出气温度控制在 90℃。半小时后打开蒸箱门检查内衬管末端是否出蒸汽,若内衬管出蒸汽,关闭蒸箱门,1h 后用测温枪测量内衬管表面温度是否到 75℃ 以上。如达到 75℃ 以上即可进行施工。若未达到 75℃ 继续进行加热,半小时后再进行测量。正常情况下 1.5~2.5h 内衬管都能软化。在狭窄的道路且无蒸箱的情况下,可将轮盘放在检查井处进行内加热。

4.3.4 蒸箱预加热主要施工参数

热塑成型工艺施工中,各施工阶段内衬管加热温度及时间根据管材长度、厚度、管径等因素决定。内衬管预加热主要施工参数参见表 4-2。

表 4-2　蒸箱预加热参数

序号	内衬管管径/mm	壁厚/mm	蒸箱内预加热		蒸箱外预加热	
			加热温度/℃	加热时间/min	加热温度/℃	加热时间/min
1	200	3~5	85	150	85	180
2	300	5~8	85	180	85	210
3	300	9~10	85~87	210	85~87	240
4	400	6~9	85~87	230	85~87	260
5	400	10~12	86~90	260	86~90	290
6	500	7~10	87~90	280	87~90	310
7	500	11~13	87~90	330	87~90	360
8	600	8~12	87~90	360	87~90	390
9	600	13~15	87~90	410	87~90	440

以30m管段为例，采用外加热蒸管，2h后测量内衬管表面及管盘内侧温度，均达到85℃以上方可下管。采用内加热蒸管，1.5h后测量内衬管表面及管盘内侧温度，均达到85℃以上方可下管。

4.4　内衬管拖入

4.4.1　安装导向装置

导向设备的概貌如图4-13所示。

导向设备由导向底座（图4-14）、固定支架（图4-15）、导向

图 4-13　导向设备

图 4-14　导向底座

架斜撑（图 4-16）、导向轮撑杆（图 4-17）、导向轮（图 4-18）、十字卡（图 4-19）组成。

安装导向装置的步骤如下：

（1）安装导向底座。

图 4-15　导向底座固定支架

图 4-16　导向架斜撑

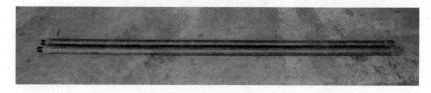

图 4-17　导向轮撑杆

　　如图 4-20 所示，将导向底座放置在上游检查井井口处，导向底座横杆中心宜置于检查井井中，导向底座横杆宜向下游检查井偏移 5cm，分体式牵引车车厢边线宜与检查井边线齐平。

图 4-18　导向轮

图 4-19　十字卡

（2）安装固定支架。

如图 4-21 所示，将固定支架放置在导向底座凹槽处，通过旋

图 4-20　安装导向底座

图 4-21　安装固定支架

转固定支架的螺母，升起支架使支架顶托与底座缝隙处紧密
接触。

（3）安装导向架斜撑。

如图 4-22 所示，将导向架斜撑端头固定螺栓孔分别与卷扬机
和底座预留孔对齐，对齐后插入固定螺栓完成连接。注意斜撑端
头两端应插入卷扬机和底座预留连接装置中心位置，斜撑端头不

应在外部连接。

下固定螺栓点　　　　　　　　　　上固定螺栓点

图 4-22　安装导向架斜撑

（4）安装导向轮。

如图 4-23 所示，将导向轮撑杆带有丝扣一端与导向轮丝扣处拧紧。

图 4-23　导向轮组装图

1—导向轮撑杆；2—导向轮；3—连接点

导向轮和导向轮撑杆组装后，工人在地面操作，将组装好的导向轮放入井室，导向轮宜与原管道的上管口平齐，导向轮撑杆与导向底座横杆紧靠，并用十字卡扣连接固定。如图 4-24 所示。

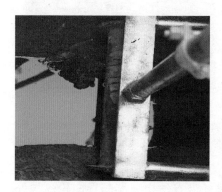

图 4-24　连接固定

导向装置安装完成后，对其进行安全复查。主要检查内容是：螺丝、固定连接点是否牢固，导向轮是否偏移。

最终安装后的牵引设备导向装置如图 4-25 所示。

4.4.2　分体式设备牵引装置安装

在狭窄道路使用分体式牵引车时，可不搭建导向装置，仅使用微型电葫芦将卷扬机放置检查井口进行牵引。此时的工作步骤为：

（1）扳出电动葫芦。

如图 4-26 所示，打开车厢后门，将电动葫芦从车厢内旋出，使其伸展方向与车辆纵向一致。

图 4-25 牵引设备安装完成

（2）吊起卷扬机。

如图 4-27 所示，启动电动葫芦，将电动葫芦钢丝绳一端挂钩勾住卷扬机拉环处，收紧电动葫芦钢丝绳，将卷扬机吊起。

（3）放置卷扬机。

如图 4-28 所示，将卷扬机置于地面上。

宜将卷扬机放置在检查井井口处，卷扬机与控制箱连接，接通电源，完成导向装置安装。

图 4-26 扳出电动葫芦

图 4-27 吊起卷扬机

图 4-28   卷扬机及控制箱

4.4.3   分体式牵引车牵引设备操作

对卷扬机、牵引车发电机、牵引车空气压缩机、牵引车电机控制柜等进行安全检查，并确认它们能够正常运转。

4.4.3.1   卷扬机操作

卷扬机的控制柜面板如图 4-29 所示。电机控制柜的功能如表4-3 所示。

表 4-3   电机控制柜功能

序号	名称	作用
1	卷扬机转速控制键	调整卷扬机转速
2	反转指示灯	指示卷扬机正在反转，卷扬机在放绳
3	电源指示灯	指示卷扬机已正常开启
4	正转指示灯	指示卷扬机正在正转，卷扬机在收绳
5	反转启动开关	按下时进行卷扬机放绳操作
6	停机键	按下时卷扬机停机
7	正转启动开关	按下时进行卷扬机收绳操作

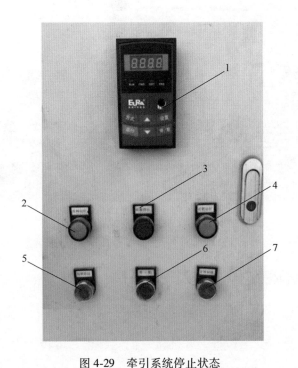

图 4-29　牵引系统停止状态

1—卷扬机转速控制键；2—反转指示灯；3—电源指示灯；4—正转指示灯；

5—反转启动开关；6—停机键；7—正转启动开关

卷扬机的主要操作是收、放绳。

收绳：按下正转启动开关，正转指示灯亮起，卷扬机做收钢丝绳动作。

放绳：按下反转启动开关，反转指示灯亮起，卷扬机做放钢丝绳动作。

停止：按下停机键，卷扬机停止运行。

卷扬机收、放绳的速度可通过卷扬机转速控制键调节。

4.4.3.2 牵引车空气压缩机操作

空气压缩机的动作只有"开"和"关"。

扳动开关到"ON"时接通电源,气泵自行为中通气囊充气。

扳动开关到"OFF"时关闭电源,气泵停止工作。

4.4.3.3 牵引车发电机操作

牵引车发电机的控制面板如图 4-30 所示。

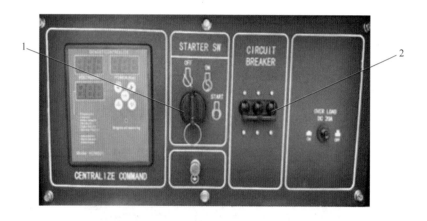

图 4-30　牵引车发电机的控制面板

1—开关；2—漏电保护器

牵引车发电机的动作只有"开"和"关"。

启动时,打开断路器,将牵引车发电机开关旋拧到"ON"挡位(电源接通),停滞 3s 后将发电机开关旋拧到"START"挡启动牵引车发电机。

停止时,将牵引车发电机开关旋拧到"OFF"挡位,断开断路器牵引车发电机即停止运转。

4.4.4 内衬管拖入

将内衬管从起始检查井拖至目标检查井的工作步骤为：

（1）拖入钢丝绳。

如图 4-31 所示，将穿线器从原管道下游检查井穿入，穿至上游检查井，将牵引车上的钢丝绳与穿线器相连接（图 4-32），启动卷扬机反转操作，操作人员拉回穿线器，将钢丝绳牵引至下游检查井。

图 4-31　穿线器操作

（2）连接牵引环。

如图 4-33 所示，将热塑成热作业车停在下游检查井处，关闭蒸箱阀、蒸汽控制阀 1 和蒸汽控制阀 2，打开蒸箱门，将钢丝绳与内衬管上的牵引环相连接。

图 4-32 钢丝绳与穿线器连接

图 4-33 钢丝绳与牵引环连接

（3）内衬管入井。

按下下料助力系统正转开关，轮盘开始转动，下游检查井地面操作人员应佩戴隔热手套，将内衬管顺送至下游检查井内，内衬管端头接触井底后，继续将内衬管顺送 0.5～1.0m。在下游检查井井底管口处应将内衬管调整成弧形，以便于内衬管进入原管道。

（4）内衬管进入管道。

启动牵引车上的卷扬机，正转操作收紧钢丝绳，使内衬管端头进入原管道内，如图 4-34 所示。下游检查井地面操作人员继续将内衬管送至检查井内，在下游检查井井底保持内衬管有 0.5～1.0m 的余量，否则容易卡管。

图 4-34　内衬管进入管道

控制内衬管匀速进入原管道内，牵引速度宜为 10～15m/min。内衬管牵引至上游检查井井底上方，高出导向轮 10～20cm 时停止牵拉，完成下管。

（5）管口切割。

在下游检查井处预留足够内衬管管材后（距地面 1.0～1.5m），截断内衬管管材，并用保温袋将内衬管断口包裹起来，如图 4-35 所示。

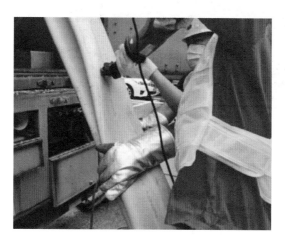

图 4-35 切割管口

4.4.5 中通气囊安装

按以下步骤对中通气囊进行操作：

（1）连接充气管。

如图 4-36 所示，将充气管一端连接至作业车控制面板出气口，另一端置入保温袋内衬管断口内。

（2）管口加热。

打开蒸汽控制阀 1 和吹胀口阀门，对管口进行加热软化处理（根据管径和厚度以及天气决定，通常 5～10min）。内衬管软化后，同时关闭蒸汽控制阀 1 和吹胀阀门，去除管口处的充气管和保温袋。

图 4-36　将充气管的一端连接至作业车控制面板

（3）将中通气囊塞入内衬管管口。

现场作业需要两名工人配合工作，都戴好石棉手套后，使用大力钳夹住内衬管边缘，同时用力向外拉，待内衬管管口拉开后，其中一名工人将中通气囊塞入内衬管管口，使中通气囊的顶端略低于内衬管边缘约 8cm，如图 4-37 所示。

图 4-37　安装中通气囊

(4) 中通气囊充气。

将气堵专用管一端连接至作业车空气压缩机出气口，另一端连接到中通气囊接口处。开启作业车空气压缩机，给中通气囊充气，压力控制在 0.15~0.2MPa，内衬管管端膨胀至比原管径大 5~10cm 时，关闭气堵专用管阀门，中通气囊安装完成，如图 4-38 和图 4-39 所示。

图 4-38　中通气囊充气

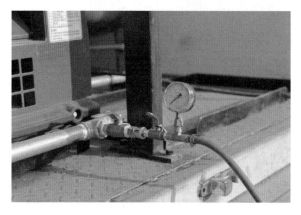

图 4-39　将气堵专用管一端连接至作业车

（5）端口开"十"字孔。

使用开孔器在内衬管端口 5cm 处钻出一个"十"字孔，孔径为 ϕ30mm，用铁链对穿四个开孔，拉紧后用 U 形环将铁链锁死。

（6）内衬管加热。

将充气管连接到中通气囊，打开蒸汽控制阀 1、蒸汽控制阀 2和吹胀阀，此时开始给内衬管加热，加热时长通常时间为 5 ~ 25min，取决于管材的长度、厚度、管径以及施工天气。

（7）拖入内衬管。

加热 10min 后，启动牵引车卷扬机，将下游检查井的内衬管牵引至上游检查井井口处，如图 4-40 所示。

图 4-40　井室内的管口

（8）拆除。

随后牵引车将内衬管另一端牵引至上游检查井，距井口 1.1 ~ 1.7m 处停止牵拉，拆除上游检查井的牵引支架和导向装置。

4.5 热塑成型

4.5.1 内衬管加热

检查并确保排气控制装置阀门处于开启状态，蒸箱阀处于关闭状态。

开启吹胀口阀门，缓慢开启蒸汽控制阀 1 和蒸汽控制阀 2，不要全开，此时开始对内衬管进行加热，对内衬管加热的时间通常为 9~18min，具体取决于进气温度和天气。

进气温度不得高于 100℃，排气温度不得低于 95℃。如温度过高时可少量关闭蒸汽控制阀 1 和蒸汽控制阀 2，若温度仍不能降低，少量开启冷气阀降温。

4.5.2 吹胀

吹胀时进气温度不能高于 100℃，此时缓慢关闭排气控制装置的排气阀，缓慢开启配气阀，同时观察排气控制装置阀门上的压力表和温度表，控制其压力表为每 3min 升高 0.01MPa，此过程中需要控制排气温度在 95℃左右，若温度降低，可少量继续开启蒸汽控制阀 1 和蒸汽控制阀 2，每当压力表压力上升 0.01MPa 时，最终吹胀压力控制在 0.03~0.06MPa，即完成吹胀。

4.5.3 换气

观察上游检查井和下游检查井内衬管与原管口的贴合程度，内衬管略大于原管道管口时，可以缓慢少量关闭蒸汽控制阀 1 和蒸汽控制阀2，同时开启冷气阀门。

此过程一定要保持排气压力保持不变。当排气温度小于等于35℃时，将排气装置阀门全部打开，同时关闭吹胀口阀、冷气阀、蒸汽控制阀1和蒸汽控制阀2、配气阀及相关设备，完成热塑成型。

热塑成型工艺施工中，各施工阶段内衬管加热温度及时间根据管材长度、厚度、管径决定等因素决定。热塑成型内衬管主要施工参数参见表4-4。

表4-4 热塑成型内衬管主要施工参数

序号	内衬管管径 /mm	壁厚 /mm	管内预加热		热塑成型加热		
			加热温度 /℃	加热时间 /min	加热温度 /℃	压力 /MPa	时间 /min
1	200	3~5	95	15	90	0.03	9
2	300	5~8	95	15	90	0.03	12
3	300	9~10	96	17	90	0.03	12
4	400	6~9	96	17	90	0.05	15
5	400	10~12	98	20	92	0.05	15
6	500	7~10	98	20	92	0.055	17
7	500	11~13	100	23	93	0.06	18
8	600	8~12	100	25	95	0.06	18
9	600	13~15	100	25	95	0.06	18

注：长度参照30m管段考虑，此为排气装置的温度及压力，以上数据适合夏季施工，冬季施工根据施工温度适当增加预加热及热塑成型时间。

4.5.4 空气压缩机操作

（1）设备启动前：

1）确认引擎和空压机的油位；

2）确认冷却水辅助罐内的水位；

3）排出燃料过滤器中的冷凝水和杂质；

4）缓慢打开油气罐下部的冷凝水排放阀，排出冷凝水，当油出现时关闭排放阀。

（2）设备运行中：

1）确认油位是否在规定范围内，如果没有达到规定位置，需补油；

2）确认是否有漏油、异常声音、异常震动等现象。

（3）设备停止运行：

1）关闭供气阀，在卸载状态下冷却运行 5min；

2）将开关转至"停机"位置。

4.5.5 冷干机操作

（1）开机前的检查：

1）检查电源电压是否正常；

2）检查环境温度是否正常；

3）确定压缩空气未进入冷干机；

4）检查冷媒表的冷凝温度是否正常，未运转时，冷媒高、低压温度应等于环境温度；

5）检查冷却水压力及温度是否正常，通常为 0.25~0.4 MPa，水温最高不得超过 35℃。

（2）制冷系统检查：

1）观察冷媒高、低压表，两表在一定压力下达到平衡。因周围温度差异，平衡压力会出现上下波动，一般为 0.5~1.0MPa；

2）检查空气管路是否正常，空气进口压力不得超过1.0MPa（特殊型号除外），进气温度尽量不超过选型时的确定值；

3）若选用的是水冷式，还应检查冷却水是否正常，水压宜为0.15～0.4MPa，水温应小于或等于32℃。

（3）冷干机的操作程序：

1）合上空气开关，接通电源，此时面板上的电源指示灯（POWER 红灯）亮；

2）若为水冷式，则应打开冷却水进出阀门；

3）按下绿色启动按钮（START 按钮），接触器吸合，运转指示灯（RUN 绿灯）亮，压缩机开始运转；

4）检查压缩机运转是否正常，有无异常响声，冷媒高、低压表指示是否正常；

5）如一切正常，再开启空气压缩机和进出阀门，向冷干机送气，并关闭空气旁路阀，此时空气压力表会指示出空气出口压力；

6）观察 5～10min 后，经冷干机处理后的空气可达使用要求，而此时冷媒低压表指示在 0.3～0.5MPa 范围，冷媒高压表指示在 1.2～1.6MPa 范围，露点温度表指示在 2～10℃（特殊要求除外）；

7）打开自动排水器上的铜球阀，让空气中的冷凝水流入排水器中，经它排出机外；

8）关机时，应先关闭空气源，再按红色停止（STOP）按钮将冷干机关闭，并切断电源。打开排污阀放尽残余冷凝水。如图4-41 所示。

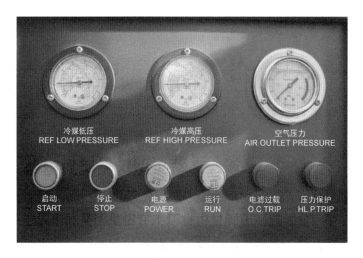

图 4-41　空气冷干机开关控制系统

（4）冷干机操作时应注意的事项：

应尽量避免冷干机长时间在无负荷状态下运转。禁止冷干机短时间连续开、停，以免损坏制冷压缩机。启动前需要检查燃油箱是否有油。

4.5.6　排气控制装置操作

排气控制装置如图 4-42 所示。

向右旋转开关打开排气控制装置，加压时缓慢地向左旋转开关使开关一点点关闭，根据温度、压力数据进行控制。

4.5.7　热塑设备作业车发电机操作

（1）开机：

检查机油位是否处于标线的高、低线之间→拧开水腔盖子→检查液位高度→调节到手动挡→启动低速挡→电源开关置于开挡→调

图 4-42　排气控制装置

节启动挡 2~4min 之后→启动高速挡→正常发电。

（2）停机：

直接关闭电源。

（3）紧急停机：

遇到事故等直接按下紧急停机键，排除故障后旋转即可恢复。

4.6　管口处理

拆除中通气囊，下游检查井与上游检查井可同时作业，切除检查井内剩余内衬管，内衬管边缘应超出修复管道管口边缘 2~

3cm，切割完成后对内衬管边缘进行打磨使其光滑平整。用快干水泥对管口进行修复。

4.7　检测验收

施工完成后均应对施工管道进行外观检查。

外观检查采用 CCTV 检测，查看施工后管道情况。由班组长负责检查施工过程中的压力、温度、施工前后的视频对比、施工过程中的影像资料，以确保工程质量。CCTV 视频检测结果应妥善保存，备查，并作为后续查看的依据。

内衬管表观质量应符合下列规定：

（1）表面应光洁、无裂缝、无局部孔洞；

（2）不应出现明显的褶皱；

（3）内衬管应与原管道紧密贴合，管内应无明显凸起、凹陷、错口等现象，内衬管应完整牢固且光滑平整；

（4）管道内不得出现渗水现象；

（5）管口切口处应平齐。

内衬管井内现场取样送检，施工完成后内衬管管壁厚度不应小于设计值。

5 设备维护与保养

5.1 发电机

发电机应定期检查及保养以下内容：

5.1.1 润滑系统

（1）更换机油和机油滤清器

发电机运行过程中，如果机油压力报警灯亮起，说明机油滤清器堵塞。此时应更换机油滤清器而不用考虑规定的保养周期。

（2）更换周期

1）发电机机油：6个月或累计工作100h；

2）机油滤清器：6个月或累计工作100h。

（3）更换发电机机油

按以下步骤更换发电机机油：

1）确认车辆或发电机处于正常使用的温度；

2）把车辆或发电机放置于平坦路面上，车辆使用手刹制动，并保证处于安全状态；

3）关掉发电机，切断电源，等待至少10~15min；

4）打开加油口盖（在发电机顶部气缸盖罩壳上），将油底壳上的放油螺塞拧开，将机油彻底排净；

5）将排放塞洗净并和垫片一起装上，再用扳手将其拧紧（排放塞拧紧力矩：53~59N·m，不能用力过猛）；

6）按设备需求加入相应型号机油并将加油口盖盖好；

7）注入机油：换机油滤清器滤芯时应达到机油标尺上刻线，不换机油滤清器滤芯时应达到机油标尺中刻线。

5.1.2 冷却系统

（1）发电机冷却液：

待发电机冷却后，检查散热器中的冷却液位置，如果冷却液位置降低，则添加冷却液至散热器盖口。

（2）更换发电机冷却液：

1）打开散热器排水塞和散热器盖；

2）拧开发电机缸体上的放水阀；

3）排出冷却液后拧紧缸体上的放水阀；

4）给散热器添加冷却液；

5）让发电机保持 1600~2000r/min（发电机中速）运转约1min，排净空气；

6）停机并等待其冷却后，检查冷却液位置，不足时，给散热器补充冷却液。

5.2 蒸汽发生器

蒸汽发生器应定期检查及保养以下内容：

（1）维护保养蒸汽发生器时，必须切断电源，必须泄压。

（2）燃烧器应每两个月从蒸汽发生器本体上拆下来，认真清除积炭和灰尘等异物。光电管受光面每月擦拭一次，燃油过滤器要始终保持清洁和过滤功能；仔细清洗油泵内过滤网，不要破坏密封垫。燃烧器不得无油空转，以免损坏油泵。

（3）水位计时刻保持清洁，每天打开清洗阀冲洗一次，以保证水位清晰。每天带压排污。

（4）安全阀每天扳动一次，以防生锈失灵。

（5）蒸汽发生器停止运行时间较长时，应切断电源，并做好保养工作。

1）干法保养：停炉后放出炉水、将炉内污垢冲洗干净，用燃烧器微火将锅内烘干（燃烧时间不可太长，以免损坏蒸汽发生器），然后将蒸汽发生器气体全部排净后，把所有管道阀门关闭，每三个月检查一次。

2）湿法保养：适用于停炉期不超过一个月的蒸汽发生器，停炉后将炉水放出，排干净加满清水，切断电源，关闭阀门。

5.3 空压机

空压机应定期检查及保养以下内容：

（1）运转500h：

1）更换机油过滤器；

2）空气滤芯及前置过滤网取下清洁，用低压空气由内向外吹干净。

（2）运转1000h：

1）检查进气阀、拉杆及活动部位，并加注油脂；

2）清洁空气滤芯；

3）检查机油过滤器或更换；

4）换机油；

5）若为风冷式，则清洁散热器。

（3）运转 2000h 或 6 个月：

1）检查各部管道；

2）检视观油镜，必要时拆下清洗；

3）更换润滑油并清除油垢。

（4）运转 3000h 或 1 年：

1）清洁进气阀，更换 O 形环，加注润滑油脂；

2）检查三向电磁阀；

3）检查泄放阀；

4）检查油细分离器是否阻塞；

5）检查压力维持阀；

6）更换空气滤芯、机油过滤器；

7）给电动机加注润滑油脂；

8）检查起动器是否正常运行；

9）检查各保护压差开关是否动作正常。

（5）每 2000h 或使用 3 年：

1）检查或更换机体轴承及油封，调整间隙；

2）测量电动机绝缘，应在 1MΩ 以上。

5.4 冷干机

冷干机应定期检查及保养以下内容：

（1）每周至少一次及以上，用空气吹枪与干毛刷吹扫气冷式铝鳍片表面，用吹尘器吹尘埃时小心不要损坏铝片表面；

（2）用空气吹气枪逆向往排水器的排水出口端内部吹数次，防止排水器阻塞；

（3）检查水冷式冷凝器、冷却器等管路接头有无漏水；

（4）气冷散热器表面用软毛刷蘸肥皂水刷洗油污，再用空气吹气枪吹干；

（5）为清除水垢，可往水冷式散热器内部倒入专用清洗剂清洗；

（6）检查电线、端子有无松脱，若有松脱则应固定。

6 常见问题与处理措施

6.1 设备故障及处理措施

热塑成型法施工所用设备及常见故障如表 6-1 所示。

表 6-1 常见设备故障

设备名称	故障现象	故障编号
柴油发电机	发电机无法启动	CYJ001
	气缸压力不足，发电机能够正常启动，但是运行不正常，发生抖动	CYJ002
	电器系统故障，发电机无法正常启动	CYJ003
	转速不稳定，电压不稳定，发生抖动	CYJ004
	柴油机功率不足，发电机能够正常启动，但是运行不正常	CYJ005
	柴油机过热，发电机工作过程中突然发生熄火，无法继续启动	CYJ006
	发电机运行不正常，发电机运转时有异常响声	CYJ007
起动机系统	起动机启动不正常，起动机不转动	QDJ001
	起动机空转，起动无力	QDJ002
蒸汽发生器	缺水报警（水位低于"最低水位电极"）	ZQ001
	蒸汽发生器无法产生水蒸气，水电极逻辑故障报警	ZQ002
	锅炉超压报警	ZQ003
空气压缩机	无法启动（PLC 显示相应故障）	KYJ001
	运转电流高，压缩机自行停车（PLC 显示相应故障）	KYJ002
	运转电流低于正常值	KYJ003
	排气温度不正常（PLC 显示温度过高）	KYJ004

续表 6-1

设备名称	故障现象	故障编号
空气压缩机	尾气超标	KYJ005
	产气量不足，达不到正常使用条件	KYJ006
	停机时，过滤器冒烟	KYJ007
	空气压缩机机体声音异常	KYJ008
	其他异常声音	KYJ009
	震动过大	KYJ010
冷干机	运行不正常，配管系统错误	LGJ001
	无法启动，蒸发器结冰	LGJ002
	无电源	LGJ003
	有电源但不启动	LGJ004
	开关全部正常但不能启动	LGJ005
	高压跳脱虽有复位但还是不能启动	LGJ006
	异常停止运转，过载继电器跳脱	LGJ007
	无法正常运转，蒸发压力（蒸发温度）指示过低	LGJ008
	可以运转但运转异常，排水不良	LGJ009
自动下料机	自动下料无法运转	ZD001
卷扬机	卷扬机在拖拽过程中导向支架被拖拽移动	JYJ001

6.1.1 柴油发电机

6.1.1.1 燃油系统故障

故障编号：CYJ001。

现象：发电机无法启动。

原因：

（1）燃油牌号选用不当；

（2）燃油箱中无油，或者油箱开关未打开；

（3）燃油管道及喷油泵中有空气；

（4）燃油中混有水，油路或滤清器堵塞；

（5）输油泵、喷油泵不供油或供油提前角度不对；

（6）喷油器不喷油、喷油很少、喷射压力低、雾化不良、喷油器调压弹簧损坏、喷油孔堵塞或咬死；

（7）喷油泵出油阀漏油、弹簧损坏、柱塞偶件损坏。

处理措施：

（1）若燃油牌号选用不当，应选用正确牌号的燃油；

（2）若燃油箱中无油，或者油箱开关未打开，应向燃油箱中加油，打开燃油箱开关；

（3）若燃油管道及喷油泵中有空气，应排除燃油系统中的空气，拧紧油管连接处换燃油；

（4）若燃油中混有水，油路或滤清器堵塞，应拆下油管和滤清器进行清洗或更换滤芯；

（5）若输油泵、喷油泵不供油或供油提前角度不对，应检查修理输油泵、喷油泵、调整喷油提前角；

（6）若清洗与研磨喷油器偶件，应调整喷油压力或更换喷油器总成；

（7）若喷油泵出油阀漏油、弹簧损坏、柱塞偶件损坏，应更换喷油泵、弹簧或柱塞偶件。

6.1.1.2　气缸压力不足

故障编号：CYJ002。

现象：发电机能够正常启动，但是运行不正常，发生抖动。

原因：

（1）气门间隙过小；

（2）气门漏气；

（3）气缸盖及气缸垫结合处漏气；

（4）活塞环磨损、胶结、开口位置重叠；

（5）气缸套及活塞磨损超过规定限值；

（6）气温太低，柴油黏度大，不易雾化，甚至堵塞燃油管路。

处理措施：

（1）若气门间隙过小，应加热冷却水，改用适当牌号的柴油；

（2）若气门漏气，应更换气缸套及活塞；

（3）若气缸盖及气缸垫结合处漏气，应清洁胶结、更换活塞环、调整活塞环开口位置；

（4）若活塞环磨损、胶结、开口位置重叠，应更换汽缸垫；

（5）气门弹簧弹力减退，更换气门弹簧；气门锥面密封不严，研磨气门；

（6）若气温太低，柴油黏度大，不易雾化，甚至堵塞燃油管路，应调整气门间隙。

6.1.1.3　电器系统故障

故障编号： CYJ003。

现象： 发电机无法正常启动。

原因：

（1）蓄电池电量不足或电瓶配置过小；

（2）系统接线接触不良；

（3）起动机电磁开关故障；

（4）起动机齿轮不能嵌入飞轮齿圈；

（5）起动机电刷与整流子接触不良；

（6）预热装置失效或预热时间短。

处理措施：

（1）若蓄电池电量不足或电瓶配置过小，应充电或配置符合要求的电瓶；

（2）若系统接线接触不良，应紧固电器系统接线；

（3）若起动机电磁开关故障，应修理起动机电磁开关或更换起动机；

（4）若起动机齿轮不能嵌入飞轮齿圈，应找出原因处理；

（5）若起动机电刷与整流子接触不良，应修理或更换电刷并用细砂纸清理整流子表面，吹净灰尘；

（6）若预热装置失效或预热时间短，应更换预热装置或延长预热时间。

6.1.1.4 转速不稳定

故障编号： CYJ004。

现象： 电压不稳定，发生抖动。

原因：

（1）供油系统中有空气；

（2）燃油中水分过多；

（3）燃油管路漏油；

（4）调速器工作不正常；

（5）气缸垫密封不严；

（6）喷油泵各缸供油不均；

（7）喷油器喷油质量不好或偶件卡死；

（8）喷油泵柱塞弹簧断裂。

处理措施：

（1）若供油系统中有空气，应排出燃油系统中的空气，拧紧油管连接处；

（2）若燃油中水分过多，应更换燃油；

（3）若燃油管路漏油，应拧紧油管连接处或更换油管；

（4）若调速器工作不正常，应调校调速器；

（5）若气缸垫密封不严，应检查气缸盖螺栓及气缸盖垫片，拧紧螺栓或更换气缸盖垫片；

（6）若喷油泵各缸供油不均，应调整喷油泵各缸供油量；

（7）若喷油器喷油质量不好或偶件卡死，应检查喷油状态，清洗或更换偶件；

（8）若喷油泵柱塞弹簧断裂，应更换弹簧。

6.1.1.5 柴油机功率不足

故障编号： CYJ005。

现象： 发电机能够正常启动，但是运行不正常。

原因：

（1）空滤器芯堵塞；

（2）中冷器油污严重；

（3）排气歧管、总管堵塞；

（4）燃油管路中有空气；

（5）油箱储油量不足及用油质量差；

（6）喷油泵柱塞、出油阀座故障或高压油管连接螺母松动；

（7）供油提前角不对；

（8）喷油器雾化不良；

（9）气门间隙不对；

（10）喷油正时不对；

（11）喷油泵工作不正常；

（12）燃油管路中有空气。

处理措施：

（1）若空滤器芯堵塞，应清洗空滤器芯，有必要时将其更换；

（2）若中冷器油污严重，应清除中冷器内的油污及外表面杂物及灰尘；

（3）若排气歧管、总管堵塞，应清除排气管内杂物；

（4）若燃油管路中有空气，应排除空气，拧紧油管接头处；

（5）若油箱储油量不足及用油质量差，应向油箱加足燃油，选用符合规定的燃油；

（6）若喷油泵柱塞、出油阀座故障或高压油管连接螺母松动，应拧紧或调整；

（7）若供油提前角不对，应调整供油提前角；

（8）若喷油器雾化不良，应调整喷油压力；

（9）若气门间隙不对，应调整气门间隙；

（10）若喷油正时不对，应调整齿轮，使其记号对正；

（11）若喷油泵工作不正常，应调整或更换喷油泵；

（12）若燃油管路中有空气，应排除空气，拧紧油管接头处。

6.1.1.6 柴油机过热

故障编号：CYJ006。

现象：发电机工作过程中突然发生熄火，无法继续启动。

原因：

（1）水箱内冷却水量不足或被污染；

（2）冷却系统不畅通；

（3）水泵皮带松；

（4）水泵工作不正常、节温器失效；

（5）润滑油质量差；

（6）水温表失灵；

（7）柴油机超负荷工作。

处理措施：

（1）若水箱内冷却水量不足或被污染，应减轻负荷；

（2）若冷却系统不畅通，应更换水温表；

（3）若水泵皮带松，应更换润滑油；

（4）若水泵工作不正常、节温器失效，应修理或更换水泵；

（5）若润滑油质量差，应调整水泵皮带张紧度；

（6）若水温表失灵，应清除水垢、污物，使管道畅通；

（7）若柴油机超负荷工作，应加满或更换水箱内冷却水。

6.1.1.7 发电机运行不正常

故障编号： CYJ007。

现象： 发电机运转时有异常响声。

原因：

（1）喷油时间过早，气缸内发出有节奏的清脆金属敲击声；

（2）活塞与气缸间隙过大，柴油机起动后气缸发出撞击声，此声音随柴油机走热而减轻；

（3）活塞销和销孔间隙过大，声音轻而尖，尤其是怠速时更清晰；

（4）主轴承和连杆轴承间隙过大，在柴油机转速突然降低时可听到机件撞击声，低速时声音沉重有力；

（5）曲轴轴向间隙过大，在怠速时可听到曲轴前后游动的撞击声；

（6）气门弹簧折断、推杆变弯、气门间隙过大，在气缸盖罩处听到杂乱的声音或轻有节奏的敲击声；

（7）齿轮因磨损间隙过大，突然降低转速时在齿轮室处可听到撞击声。

处理措施：

（1）若喷油时间过早，气缸内发出有节奏的清脆金属敲击声，应调整供油提前角度；

（2）若活塞与气缸间隙过大，柴油机起动后气缸发出撞击声，此声音随柴油机走热而减轻，应更换活塞或缸套；

（3）若活塞销和销孔间隙过大，声音轻而尖，尤其是怠速时更清晰，应更换零件，保证规定间隙；

（4）若主轴承和连杆轴承间隙过大，在柴油机转速突然降低时可听到机件撞击声，低速时声音沉重有力，应更换零件，保证规定间隙；

（5）若曲轴轴向间隙过大，在怠速时可听到曲轴前后游动的撞击声，应更换曲轴止推片；

（6）若气门弹簧折断、推杆变弯、气门间隙过大，在气缸盖罩处听到杂乱的声音或轻有节奏的敲击声，应更换零件，调整气门间隙；

（7）若齿轮因磨损间隙过大，突然降低转速时在齿轮室处可听到撞击，应根据情况更换齿轮。

6.1.2　起动机系统

6.1.2.1　起动机启动不正常

故障编号：QDJ001。

现象：起动机不转动。

原因：

（1）连接线接触不良；

（2）蓄电池充电不足；

（3）电刷接触不良；

（4）起动机本身断路。

处理措施：

（1）若连接线接触不良，应清洁和旋紧触点；

（2）若蓄电池充电不足，应给蓄电池充足电；

（3）若电刷接触不良，应清洁换向器表面；

（4）若起动机本身断路，应修理或更换起动机。

6.1.2.2　起动机运行不正常

故障编号：QDJ002。

现象：起动机空转，起动无力。

原因：

（1）轴承衬套磨损；

（2）电刷接触不良；

（3）换向器不洁或烧毛；

（4）线端脱焊；

（5）接触不良；

（6）开关接触不良；

（7）蓄电池充电不足或容量太小；

（8）齿轮退回困难，电磁开关接触片烧熔。

处理措施：

（1）若轴承衬套磨损，应更换轴承衬套；

（2）若电刷接触不良，应清洁换向器表面；

（3）若换向器不洁或烧毛，应清洁油污及用细纱布磨光；

（4）若线端脱焊，应把脱焊线端焊牢；

（5）若接触不良，应清洁及旋紧接触点；

（6）若开关接触不良，应修理开关；

（7）若蓄电池充电不足或容量太小，应给蓄电池充足电或更换足够容量的蓄电池；

（8）若齿轮退回困难，电磁开关接触片烧熔，应更换电磁开关。

6.1.3　蒸汽发生器

6.1.3.1　蒸汽发生器水位过低

故障编号： ZQ001。

现象： 缺水报警（水位低于"最低水位电极"）。

原因：

（1）锅炉排污或因为新启用锅炉；

（2）水泵或阀门失控。

处理措施：

（1）若锅炉排污或因为新启用锅炉，应检修水泵、阀门；

（2）若水泵或阀门失控，应用手动水泵补水至正常水位。

6.1.3.2　蒸汽发生器无法产生水蒸气

故障编号： ZQ002。

现象：水电极逻辑故障报警。

原因：

（1）电极接线错误；

（2）电极棒结垢；

（3）水电极击穿。

处理措施：

（1）若电极接线错误，应检修水泵、阀门；

（2）若电极棒结垢，应除垢；

（3）若水电极击穿，应更换水电极。

6.1.3.3　蒸汽发生器压力异常

故障编号：ZQ003。

现象：锅炉超压报警。

原因：

（1）蒸汽压力超压；

（2）接线端接触不良；

（3）压力控制器故障。

处理措施：

（1）若蒸汽压力超压，应人工泄压或等待；

（2）若接线端接触不良，应清理端子重接线；

（3）若压力控制器故障，应修理或更换。

6.1.4　空气压缩机

6.1.4.1　空气压缩机无法启动

故障编号：KYJ001。

现象：无法启动（PLC 显示相应故障）。

原因：

（1）保险丝烧毁；

（2）运转电流超过设定值；

（3）接线松动或接触不良；

（4）电动机故障；

（5）机体故障；

（6）逆相欠相保护断电器动作；

（7）按启动按钮无动作。

处理措施：

（1）若保险丝烧毁，应请电气人员检修、更换专用规格型号保险丝；

（2）若运转电流超过设定值，应请电气人员检修；

（3）若接线松动或接触不良，应检修上紧；

（4）若电动机故障，应请电气人员检修；

（5）若机体故障，应联络服务单位；

（6）若逆相欠相保护断电器动作，应检查电源线及各接点；

（7）若按启动按钮无动作，应联络服务单位。

6.1.4.2 空气压缩机突然停止运转

故障编号： KYJ002。

现象： 运转电流高，压缩机自行停车（PLC 显示相应故障）。

原因：

（1）排气压力太高；

（2）电路接点接触不良；

（3）润滑油规格不正确；

（4）皮带传动松弛；

（5）油细分离器堵塞（润滑油压力高）；

（6）压缩机机体故障；

（7）电源电压过低、三相电不平衡。

处理措施：

（1）若排气压力太高，应查看压力表，如超过设定压力，则调整压力至额定值；

（2）若电路接点接触不良，应检修；

（3）若润滑油规格不正确，应检查油号、更换油品；

（4）若皮带传动松弛，应检查并调整；

（5）若油细分离器堵塞（润滑油压力高），应更换油细分离器；

（6）若压缩机机体故障，应联络服务单位；

（7）若电源电压过低、三相电不平衡，应检修调整。

6.1.4.3　空气压缩机运行不正常

故障编号：KYJ003。

现象：运转电流低于正常值。

原因：

（1）空气过滤器堵塞；

（2）进气阀动作不良；

（3）气量调节调整不当；

（4）电源电压过高。

处理措施：

（1）若空气过滤器堵塞，应清洁或更换；

（2）若进气阀动作不良，应拆卸清洗并加润滑油脂；

（3）若气量调节调整不当，应联络服务单位；

（4）若电源电压过高，应调节电源电压。

6.1.4.4　空气压缩机温度过高

故障编号：KYJ004。

现象：排气温度不正常（PLC 显示温度过高）。

原因：

（1）热控制阀故障；

（2）润滑油量不足；

（3）油冷却器堵塞；

（4）润滑油不正确；

（5）板翅式换热器不清洁；

（6）机油过滤器堵塞；

（7）冷却风扇故障。

处理措施：

（1）若热控制阀故障，应更换热控制阀；

（2）若润滑油量不足，应检查油位，若油量不足，应停机加油；

（3）若油冷却器堵塞，应拆下用药剂清洗；

（4）若润滑油不正确，应采用设备专用机油；

（5）若板翅式换热器不清洁，应以低压干燥空气清洁；

（6）若机油过滤器堵塞，应更换新的机油过滤器；

（7）若冷却风扇故障，应请电气人员检修。

6.1.4.5　空气压缩机润滑油消耗量大

故障编号：KYJ005。

现象：尾气超标。

原因：

（1）油位太高；

（2）回油管路阻塞；

（3）回油芯管 O 形环破损；

（4）油细分离器破损、失效；

（5）压力维持阀弹簧疲劳；

（6）使用不正确油品。

处理措施：

（1）若油位太高，应更换新的油细分离器；

（2）若回油管路阻塞，应检查油位并适当排放；

（3）若回油芯管 O 形环破损，应联络服务单位；

（4）若油细分离器破损、失效，应更换回油芯管 O 形环；

（5）若压力维持阀弹簧疲劳，应更换新的压力维持阀；

（6）若使用不正确油品，应使用专用油品。

6.1.4.6　空气压缩机产气量不足

故障编号： KYJ006。

现象： 产气量不足，达不到正常使用条件。

原因：

（1）排气过滤器堵塞；

（2）排气阀动作不良；

（3）油细分离器堵塞；

（4）泄放电磁阀故障。

处理措施：

（1）若排气过滤器堵塞，清洁或更换排气过滤器；

（2）若排气阀动作不良，应拆卸清洗加润滑油或更换排气阀；

（3）若油细分离器堵塞，应更换油细分离器；

（4）若泄放电磁阀故障，应检修、必要时更换。

6.1.4.7　停机时，过滤器冒烟

故障编号：KYJ007。

现象：停机时，过滤器冒烟。

原因：进气阀关闭不严或卡死、压力维持阀泄漏、泄放阀未泄放。

处理措施：检修，必要时联系生产商。

6.1.4.8　空气压缩机机体声音异常

故障编号：KYJ008。

现象：空气压缩机机体产生异常声音。

原因：

（1）压缩机有异物进入；

（2）轴承磨损。

处理措施：

（1）若压缩机有异物进入，应修理消除；

（2）若轴承磨损，应更换轴承。

6.1.4.9　其他声音异常

故障编号：KYJ009。

现象：V型能上能下带产生异声及其他异声。

原因：

（1）空压机安装不当；

（2）螺栓或螺帽松弛；

（3）V型皮带松弛。

处理措施：

（1）若空压机安装不当，应用水泥填缝固定；

（2）若螺栓或螺帽松弛，将其锁紧；

（3）若 V 型皮带松弛，应调整紧固。

6.1.4.10 震动过大

故障编号： KYJ010。

现象： 震动过大。

原因：

（1）安装不良；

（2）螺栓或螺帽松弛。

处理措施：

（1）若安装不良，应用水泥填缝固定；

（2）若螺栓或螺帽松弛，将其锁紧。

6.1.5 冷干机

6.1.5.1 冷干机运行不正常

故障编号： LGJ001。

现象： 配管系统错误。

原因：

（1）管路阀门未全开；

（2）管径太小；

（3）管路太长，弯头、接头太多；

（4）管路连接处漏气太多；

（5）管路中的过滤器阻塞。

处理措施：

（1）若管路阀门未全开，应清洗过滤器或换新过滤芯；

（2）若管径太小，应检查弯头接头；

（3）若管路太长，弯头、接头太多，应重新设计管路系统；

（4）若管路连接处漏气太多，应加大管径；

（5）若管路中的过滤器阻塞，应将阀门全开。

6.1.5.2 冷干机无法启动

故障编号： LGJ002。

现象： 蒸发器结冰。

原因：

（1）温度开关或压力开关故障；

（2）膨胀阀堵塞失效；

（3）蒸汽旁通阀（电池阀）失效堵塞。

处理措施：

（1）若温度开关或压力开关故障，应更换新的温度开关或压力开关；

（2）若膨胀阀堵塞失效，应更换膨胀阀；

（3）若蒸汽旁通阀（电池阀）失效堵塞，应重新调整或更新蒸汽旁路阀。

6.1.5.3 冷干机无电源

故障编号： LGJ003。

现象： 无电源。

原因：

（1）保险丝熔断或无熔丝开关跳脱；

（2）断线；

（3）电压异常或电源线太长（电压降）。

处理措施：

（1）若保险丝熔断或无熔丝开关跳脱，应按铭牌上指示的额定电压接线；

（2）若断线，应找出断线处，加以检修；

（3）若电压异常或电源线太长（电压降），应确认电源是否有缺相短路，检查保险丝或无熔丝开关。

6.1.5.4 冷干机有电源但不启动

故障编号： LGJ004。

现象： 有电源但不启动。

原因：

（1）开关不良；

（2）接触器不良；

（3）过载继电器不良；

（4）电容器不良；

（5）高、低压开关不良；

（6）温度开关不良；

（7）压缩机不良。

处理措施：

（1）若开关不良，应换新开关；

（2）若接触器不良，应换新接触器；

（3）若过载继电器不良，应更换继电器；

（4）若电容器不良，应更换新电容器；

（5）若高、低压开关不良，应更换新高、低压开关；

（6）若温度开关不良，应更换新温度开关；

（7）若压缩机不良，应更换新的压缩机。

6.1.5.5 冷干机开关全部正常但不启动

故障编号： LGJ005。

现象： 开关全部正常但不能启动。

原因：

（1）高、低压跳脱未复位、电池阀开关未复位、油压开关未复位；

（2）温度设置有误差；

（3）压缩机不良。

处理措施：

（1）若高、低压跳脱未复位、电池阀开关未复位、油压开关未复位，应换新压缩机；

（2）若温度设置有误差，应重新设定或换新温度开关；

（3）若压缩机不良，应找出跳脱原因后，再按复位键（RESET 键）。

6.1.5.6 冷干机高压跳脱复位后不启动

故障编号： LGJ006。

现象： 高压跳脱虽有复位还是不能启动。

原因：

（1）启动不久后，电机短路产生烧焦味道；

（2）压力开关不良；

（3）风扇不良；

（4）过载跳脱；

（5）冷凝器污垢；

（6）冷媒太多；

（7）环境温度过高；

（8）膨胀阀阻塞开关；

（9）干燥机过滤器阻塞。

处理措施：

（1）若启动不久后，电机短路产生烧焦味道，应换新干燥机过滤器；

（2）若压力开关不良，应换新膨胀阀；

（3）若风扇不良，应改善周围温度，置于通风良好位置；

（4）若过载跳脱，应适当减少冷媒；

（5）若冷凝器粘满污垢，应清洗冷凝器；

（6）若冷媒太多，应查清原因或检查继电器；

（7）若环境温度过高，应换新风扇马达；

（8）若膨胀阀阻塞开关，应换新压力开关；

（9）若干燥机过滤器阻塞，应重新配置连锁控制线路及开关。

6.1.5.7　冷干机异常停止运转

故障编号： LGJ007。

现象： 过载继电器跳脱。

原因：

（1）启动继电器不良；

（2）电容器不良；

（3）压力开关不良；

（4）压缩机过载；

（5）干燥机入口温度过高；

（6）周围温度过高；

（7）继电器设定电流值太低；

（8）继电器接触不良；

（9）电源欠相；

（10）接触器不良或接点不良。

处理措施：

（1）若启动继电器不良，应换新启动继电器；

（2）若电容器不良，应更换电容器；

（3）若压力开关不良，应更换压力开关；

（4）若压缩机过载，干燥机过载，应减少空气处理量；

（5）若干燥机入口温度过高，应增设前置冷却器；

（6）若周围温度过高，应改善周围温度，置于通风良好位置；

（7）若继电器设定电流值太低，应调整继电器电流值；

（8）若继电器接触不良，应清理或换新；

（9）若电源欠相，应查出电源欠相因素；

（10）若接触器不良或接点不良，应清理或换新接触器。

6.1.5.8　冷干机蒸汽压力过低

故障编号： LGJ008。

现象： 蒸发压力（蒸发温度指示过低）。

原因：

（1）蒸发温度表（低压表不良）；

（2）蒸汽旁路阀故障；

（3）膨胀阀阻塞；

（4）温度开关或压力开关设置太低；

（5）风机不停运转；

（6）冷媒泄漏；

（7）空气入口温度过高；

（8）周围温度过高；

（9）蒸汽旁路阀失效；

（10）冷凝器阻塞；

（11）空气处理量过大；

（12）冷媒压缩机进排气阀片磨损。

处理措施：

（1）若蒸发温度表（低压表不良），应改善周围温度，置于通风良好位置；

（2）若蒸汽旁路阀故障，应调整或更新蒸汽旁路阀；

（3）若膨胀阀阻塞，应清洗冷凝器；

（4）若温度开关或压力开关设置太低，应重新设计匹配问题；

（5）若风机不停运转，应换新压缩机；

（6）若冷媒泄漏，应增设前置冷却器；

（7）若空气入口温度过高，应查出漏何处，加灌冷媒；

（8）若周围温度过高，应查出原因或换新的压力开关、温度开关；

（9）若蒸汽旁路阀失效，应重新调整设定；

（10）若冷凝器阻塞，应换新膨胀阀；

（11）若空气处理量过大，应换新蒸汽旁路阀；

（12）若冷媒压缩机进排气阀片磨损，应换新蒸发温度表（低压表）。

6.1.5.9 冷干机排水不良

故障编号： LGJ009。

现象：排水不良。

原因：

（1）排水阀损坏（VALVE）；

（2）排水器过滤部分阻塞；

（3）使用压力过高；

（4）排水口阻塞。

处理措施：

（1）若排水阀损坏（VALVE），应依据自动排水器额定压力使用；

（2）若排水器过滤部分阻塞，应校正固定或换新排水器；

（3）若使用压力过高，应换新排水阀；

（4）若排水口阻塞，应清理阻塞物，使之畅通。

6.1.6　自动下料机

故障编号：ZD001。

现象：自动下料无法运转。

原因：

（1）开关关闭；

（2）变频器黑屏；

（3）只能朝一个方向运转；

（4）电机不转；

（5）齿轮箱不转；

（6）可调电阻损坏。

处理措施：

（1）若开关关闭，应重新打开空气开关；

（2）若变频器黑屏，应更换变频器并重新设定参数；

（3）若只能朝一个方向运转，应控制运转方向的开关损坏，更换开关；

（4）若电机不转，应更换电机；

（5）若齿轮箱不转，应更换齿轮箱；

（6）若可调电阻损坏，应更换可调电阻。

6.1.7　卷扬机

故障编号：JYJ001。

现象：卷扬机在拖拽过程中导向支架被拖拽移动、变形。

原因：

（1）内衬管过重；

（2）内衬管过硬。

处理措施：

（1）重新安装固定导向支架等设备并以车辆后保险杠为支点加以固定；

（2）继续对内衬管进行局部加热，使内衬管变软后继续进行拖拽。

6.2　施工中常见问题及处理措施

热塑成型法施工中常见的问题如表6-2所示。

表 6-2 热塑成型法施工常见问题

质量缺陷	现象	缺陷编号
施工完成后内衬管表面不光滑	原管道预处理中未处理的管道内部凹凸不平情况造成施工完成后内衬管表面不光滑	SG001
内衬管开裂	内衬管内部开裂	SG002
有环向褶皱	管线内观察到环向褶皱	SG003
有轴向褶皱	管线内观察到轴向褶皱	SG004
内衬管强度不达标	在施工完成后,切片经送检内衬管的强度达不到规定要求	SG005
导向轮在拖拽过程中跑偏	导向轮发生跑偏无法继续拖拽	SG006

6.2.1 施工完成后内衬管表面不光滑

缺陷编号: SG001

现象: 施工完成后内衬管表面不光滑,内衬管内部凹凸不平。

原因: 原管道未做内表面预处理或处理不到位,内衬管与原管道紧密贴合后显现出原管道结构内骨料状态。

预防措施: 提高原管道内表面的预处理质量,使之过渡平滑。

注: 业主不要求进行此项表面预处理时,则不判定上述现象是热塑成型修复中出现的质量缺陷。

6.2.2 内衬管开裂

缺陷编号: SG002

现象: 内衬管内部开裂。

原因：（1）井室或管壁内可能存在尖锐物体划伤内衬管；（2）未按照操作规程控制蒸管温度，吹胀温度使内衬管烫伤开裂。

处理措施：一旦内衬管开裂，应判定为不合格，需要拖出内衬管，进行重新内衬施工。

6.2.3　出现环向褶皱

缺陷编号：SG003

现象：管线内出现环向褶皱。

原因：原管线存在渗漏或者形变、塌陷，并且无法完全清理管道内积水，内衬管在管道内未能完全伸展，并且牵引不到位。

处理措施：堵水止漏，必要时使用铣刀机器人对管道进行清理，在下游井室内下入抽水泵进行抽水作业；严格控制施工中内衬管下管时的牵引速度。

6.2.4　出现轴向褶皱

缺陷编号：SG004

现象：管线内出现轴向褶皱。

原因：现场调查时管径数据不准确，导致内衬管外径大于原管道内径，施工时材料无法完全展开。

处理措施：做好前期调查预防事件发生。如现场发生上述情况，应拖出原内衬管，重新组织施工。

6.2.5　内衬管强度不达标

缺陷编号：SG005

现象：在施工完成后，切片经送检内衬管的强度达不到规定要求。

原因：材料选用与设计文件要求不符。

处理措施：重新加热将原内衬管拖拽出来，选用与设计要求匹配的内衬材料重新进行施工。

6.2.6　导向轮在拖拽过程中跑偏

故障编号：SG006

现象：导向轮发生跑偏无法继续拖拽。

原因：导向轮未固定牢靠。

处理措施：重新加固导向轮。

参 考 文 献

［1］中华人民共和国国家标准.GB/T 37862—2019.非开挖修复用塑料管道 总则［S］.2019.

［2］中华人民共和国国家标准.GB/T 41666.3—2022.地下无压排水管网非开挖修复用塑料管道系统 第3部分：紧密贴合内衬法［S］.2022.

［3］中华人民共和国国家标准.GB 50268—2008.给水排水管道工程施工及验收规范［S］.北京：中国建筑工业出版社，2008.

［4］中华人民共和国行业标准.CJJ 6—2009.城镇排水管道维护安全技术规程［S］.2009.

［5］中华人民共和国行业标准.CJJ 68—2016.城镇排水管渠与泵站运行、维护及安全技术规程［S］.北京：中国建筑工业出版社，2016.

［6］中华人民共和国行业标准.CJJ 181—2012.城镇排水管道检测与评估技术规程［S］.北京：中国建筑工业出版社，2012.

［7］中华人民共和国行业标准.CJJ/T 210—2014.城镇排水管道非开挖修复更新工程技术规程［S］.北京：中国建筑工业出版社，2014.

［8］中华人民共和国行业标准.CJJ/T 244—2016.城镇给水管道非开挖修复更新工程技术规程［S］.北京：中国建筑工业出版社，2016.

［9］北京市地方标准.DB11/T 1593—2018.城镇排水管道维护技术规程［S］.2018.

［10］中国工程建设标准化协会标准.T/CECS 717—2020.城镇排水管道非开挖修复工程施工及验收规程［S］.2020.